写给孩子的思维与情绪成长书

我和我的情绪

6~14岁青少年情绪管理自助手册

〔美〕凡妮莎·艾伦 著　穆硕 译

ME AND MY FEELINGS

中国妇女出版社

著作权合同登记号　图字：01-2023-2087

图书在版编目（CIP）数据

我和我的情绪 ：6～14岁青少年情绪管理自助手册 / (美) 凡妮莎·艾伦著 ；穆硕译. -- 北京 ：中国妇女出版社，2023.9（2025.9 重印）
（写给孩子的思维与情绪成长书）
书名原文：Me and My Feelings
ISBN 978-7-5127-2065-7

Ⅰ.①我… Ⅱ.①凡… ②穆… Ⅲ.①情绪－自我控制－青少年读物 Ⅳ.①B842.6-49

中国国家版本馆CIP数据核字（2023）第045185号

责任编辑：张　于
封面设计：介末设计
责任印制：李志国

出版发行：中国妇女出版社
地　　址：北京市东城区史家胡同甲24号　　邮政编码：100010
电　　话：（010）65133160（发行部）　　65133161（邮购）
邮　　箱：zgfncbs@womenbooks.cn
法律顾问：北京市道可特律师事务所
经　　销：各地新华书店
印　　刷：北京中科印刷有限公司

开　　本：170mm×235mm　1/16
印　　张：6.5
字　　数：70千字
版　　次：2023年9月第1版　　2025年9月第4次印刷
定　　价：52.00元

送给我的女儿朵蒙妮可，你让我梦想成真！

给家长的一封信

亲爱的家长：

我很高兴你们已经认识到让孩子了解自己的情绪和感受的重要性，并愿意将这本书送给你们生命中独一无二的孩子。本书的目标是帮助孩子们学会如何处理情绪以及正确表达情绪。

通过这本书，孩子们会明白他们的任何感受都是正常的，而且是非常自然的。他们将学会把自己的感受与自己作为一个人的身份区分开来。一旦他们掌握了处理消极情绪的最佳方法，孩子们就会意识到他们有能力控制情绪，不再受情绪控制。

本书探讨了各种情绪和感受。书中涉及的多种情绪都源于第一章中介绍的六种情绪。虽然本书包含了很多信息，但我还是设计了各种互动活动，让孩子们在了解自己的同时参与其中，这包括以下几部分。

- 实践，包括在不同情况下使用的直观工具和基本技巧。
- 练习，孩子们可以选择适合自己的答案，然后了解自己的反应意味着什么。
- 测验，帮助孩子巩固本章所学内容。
- “表达自己”的技巧，给孩子们提供表达自己情绪和感受的有益方法。
- “爱自己”小贴士，帮助孩子们在应对感受和情绪时展现同理心。

感谢您和孩子共同阅读分享这本书。希望这本书能对孩子们的学习、对话和行为有所帮助，从而提高他们的情绪处理能力！

您真挚的朋友

凡妮莎 · 艾伦

给孩子的一封信

亲爱的孩子：

我叫凡妮莎·艾伦，是北卡罗来纳州的一名学校辅导员。我每天都在学校帮助孩子们表达他们的情绪和感受，这是我日常工作的一部分，而且非常重要。也正因如此，我非常高兴你阅读《我和我的情绪：6～14岁青少年情绪管理自助手册》，以便更多地了解自己的情绪和感受。知道得越多，你就越有能力在不同的情况下应对自己的情绪和感受。

你将了解到六种情绪，以及你可能有的许多其他情绪和感受。你会发现为什么了解自己如此重要，你会听到头脑中所有的“声音”，这些“声音”有时会让你感到紧张，或者告诉你一切都很好。我把这些“声音”称为埃迪和塞尔玛，我们会在这本书里认识他们。他们有时都会帮助你，但你要清楚他们俩谁能真正帮你处理情绪。

你会了解情绪是如何影响你的身体的。你也会了解到自己的情绪是如何影响生活的不同部分，比如人际关系和学校生活。但是，在这本书中，你将发现的最重要的事情之一就是当你非常愤怒或非常悲伤时，有一些很棒的提示和建议可以帮助你处理它们。读完这本书，你会积累很多小窍门，会觉得自己拥有了一种新的超能力——在某种程度上，你会的！

那么，你还在等什么呢？让我们启程吧！

您真挚的朋友

凡妮莎 · 艾伦

目 录

第一章 我的情绪和感受

第二章 我的情绪和我自己

第三章　我的情绪和思维

第四章　我的情绪和身体感觉

第五章　我的情绪和生活

第六章　当……时该怎么做

第一章

我的情绪和感受

你有没有过这种感受，有时候很开心，忍不住想要和朋友一起玩？那样的日子想想都很爽，对吧？但是有时候，又感觉很沮丧，不想玩，对任何事情没兴趣，甚至不愿思考，对吧？无论你感到开心还是沮丧到只想一个人待着，这都是你的情绪，是你每天都要经历的情绪和感受。

情绪和感受之间到底有何区别？情绪是当事情发生时你的身体表现。例如，当有人突然冒出来说“砰”时，你可能会惊讶地跳起来。感受紧随这种情绪而来。你可能会感到愤怒，因为“砰”让你打翻了饮料。情绪和感受在日常活动中扮演着重要角色。想想看，每一天都有很多不同的、新奇的事情发生，这些事情会给你带来各种感受。有些感受良好，有些感受却不是那么好。从今天到明天，甚至从这一刻到下一刻，你会体验各种各样的情绪和感受，这再正常不过了。你猜怎么着？你绝不是个例。每个人都被赋予了多种情绪。

你的情绪会影响你和家人、和老师、和同学，

及和朋友在一起时的表现。情绪和感受是生活的重要部分，了解它们及其来源至关重要，也真的很有帮助。一旦你了解了自己的感受并知道原因，就会知道该如何应对它。你也可以通过正确的方式表达或分享这些感受，而不是把它们封存在内心深处。我保证，一旦你尝试表达和分享，便会感觉好多了。

六种情绪

我们来讨论一下每个人最主要的六种情绪，这些情绪会导致人们产生不同的感受。

快乐： 高兴时，你会微笑或大笑。你甚至会手舞足蹈、引吭高歌。快乐会让你感受到生活的美好，比如，你的学校、你的好朋友或你上午高分通过的考试。

惊讶： 意想不到的事情发生时，你可能会感到惊讶。当你惊讶时，你可能会皱起眉头。这是因为你对刚刚发生的事感到不确定。你可能会瞠目结舌，甚至会跳起来。惊讶，可以让你感到快乐，也可以让你感到害怕或紧张。这完全取决于你惊讶的是什么。

恐惧： 当你意识到自己处于危险之中或预感到有不好的事情要发生时，你会感到恐惧。如果看到一只大蜘蛛，你可能会感到害怕，可能会向蜘蛛扔东西。另外，在全班面前做报告也会让你感到不安，你在上课前就开始起鸡皮疙瘩或肚子疼。

悲伤： 悲伤时，你可能会哭或想一个人待着。如果你的宠物或是玩具找不到了，你会感到悲伤。你也可能会因为在学校遭到辱骂或没能加入足球队而感到悲伤。

愤怒： 如果你曾经有过自己要爆炸的感觉，你很有可能已经尝过愤怒的滋味了。当你不喜欢的事情发生了，你就会愤怒。如果有人受到了不公平的待遇，你最喜欢的玩具坏了，或妈妈不允许你在朋友家过夜，你都可能会感到愤怒。

厌恶： 当你感到厌恶时，你可能想呕吐。当你知道有人做了极其恶心的事情时，厌恶这种情绪就会出现。当你看到或闻到有臭味的东西时也会生出厌恶的感觉。

了解更多情绪

现在，你已经了解了六种情绪，不过我们在生活中还有更多的情绪。看看下面的情绪转盘，了解大家会经历的一些感受和情绪。

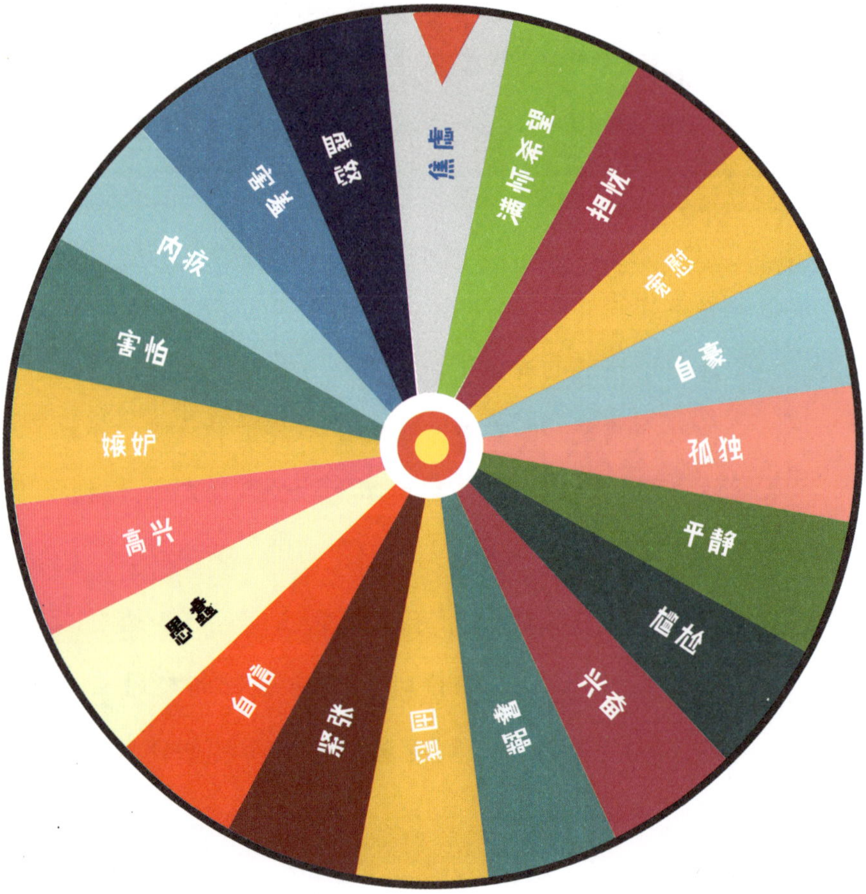

想想看，一个人会有多少种情绪和感受呢？转盘中提到的仅仅是其中一部分！我敢打赌，你能在转盘上找到曾经体验过的情绪和感受，而且可能已经体验过很多次了。和陌生人初次相见时，你也许会紧张或害羞。走出浴室时，鞋底沾着卫生纸，你会觉得很尴尬。朋友对你不再友善时，你可能会感到困惑。你的狗每天晚上都选择睡在弟弟的房间时，你会有点儿嫉妒。你的情绪是无止境的，有这些情绪是非常自然的。我们都能体验到这些情绪，而这本书将帮助你弄清楚该怎样面对这些情绪。

我的情绪如何

想想你现在的情绪，再想想你今天早上的情绪。你是否有同样的情绪，还是有某种不一样的情绪？我们的情绪总是在变化，因为新的事情总是在发生。请圈出下列最能描述你今天和过去几天情绪的词汇吧。

快乐	困惑	愚蠢
兴奋	珍爱	悲伤
担心	自豪	愤怒
担忧	紧张	害羞
尴尬	自信	惊讶

想一想你圈出的每个词，然后用这些词来完成这个句子：

当____________时，我感到________________

__________________________________。

你学到了什么？你的答案中是否有让你感到惊讶的情况？

我的情绪得分

你对自己的情绪有多少了解？别紧张！这不是测试。你只需阅读下面的句子，然后判断它是否描述了你的情况。

1.我可以通过身体感受来判断什么情况下我会感到不安。

a. 从不

b. 有时

c. 经常

2.感到愤怒时，我会做一些事情让自己平静下来，比如深呼吸或数数。

a. 从不

b. 有时

c. 经常

3.我能够通过观察别人的面部表情和身体动作来判断他们的感受。

a. 从不

b. 有时

c. 经常

4. 当我的朋友遇到困难时，我会给他们提供好建议或为他们做一个好榜样。

a. 从不

b. 有时

c. 经常

每个a选项为1分，每个b选项为2分，每个c选项为3分。

算一算你的分数是多少？__________

如果你得了4～5分：你真的需要更好地了解自己的情绪，这本书将指导你如何去做。读完这本书，你会了解更多！

如果你得了6～10分：你几乎可以了解自己的情绪。读完这本书，提高分数！

如果你得了11～12分：你很了解自己的情绪。读完这本书，更上一层楼！

情绪与心情

现在你知道了各种各样的情绪和无尽的感受方式。你一定很清楚哪些情绪会让你感觉良好，哪些不会。情绪和感受绝对能让你心情有波动。一提到心情，我们通常认为心情不是好就是坏。如果美好的事情发生在自己身上，或者连续发生很多美好的事情，你的心情就会很好，而且拥有好心情是很棒的体验！

但是，当你对朋友生气或遇到问题不知道该如何解决时，你可能会感到心情不好。有时我们试图忽视糟糕的心情，或者只是试着不管它。但是心情不好时，花点儿时间弄明白自己为什么会有这种感觉真的很重要。一旦找出真正的问题所在，就可以更好地解决问题。这样可以帮助你更快摆脱糟糕的心情。此外，你没有把坏情绪发泄到别人身上，这对所有人来说都是一件好事。

表达自己

不管是什么原因导致心情不好，你都可以做一些事情来改善它。

- 心情不好时，可以和别人倾诉。
- 尽量不要把坏情绪发泄到别人身上。
- 和信任的人聊聊你的烦恼。
- 想哭就哭。
- 给自己独处的时间，直到感觉好些。

我感觉很棒

你听说过“愿意与否”（Would You Rather）的游戏吗？好吧，如果你问朋友：“你愿意快乐还是悲伤？兴奋还是愤怒？放松还是紧张？”我打赌他们会一致同意：快乐、兴奋和放松才是更好的选择。你也会赞成他们。每个人都喜欢感觉棒棒的！感觉良好时，你在学校会表现得更好，与他人相处得更好，而且更有可能尝试新事物。这里还有一些其他积极的感受，可以了解一下。

希望： 满怀希望时，你会期待好事情发生。即使事情进展不是很顺利，这种情绪也是有帮助的。满怀希望时，你相信事情会变得更好。

愉悦： 当你心情愉悦时，你会感觉到快乐。愉悦不是一种持续很久的情绪，它会在最佳时机出现，比如，当你新养了一只小狗，或是和你爱的人重逢。

平静： 当你平静时，你的脑海不会被忧虑充斥。你感到平静时，这意味着你头脑清醒，没有太多的压力。你知道吗？生活不尽如人意时，你可以想办法让自己平静下来。这本书里的一些练习可以帮助你感受平静——试试七步平静法（第75页）。

积极的情绪不仅能让你快乐，还能帮助你成为更好的自己。积极的情绪会让你感觉良好，当消极的情绪蔓延时，积极的情绪可以帮你渡过难关。

我感觉怎么样

好事发生时，你感觉很好，对吗？让我们看看当不同的好事发生时你的感受是什么样的。将第15页的情景与第16页中的感受进行匹配。

你在家附近的街道上玩耍时，感觉下了几滴雨，然后你在倾盆大雨之前就回到家了。

你的同学在这一周都在谈论他盛大的生日派对。今天，他向你发出了邀请函。

你对着妹妹做鬼脸，还跳舞，这招儿很管用。

泰勒和埃里克说你是他们真正的好朋友。

老师告诉你的父母，你周一在课堂上做了一份很棒的报告。

今天是星期五，你放学回家后，脱掉鞋子，抓起一条毯子，蜷缩在沙发上，开始看你最喜欢的节目。

自豪

滑稽

安全

放松

兴奋

快乐

你的答案是否与某种情景相吻合？如果是，那太好了，说明你保持着积极的情绪。如果不是，那也没关系——这正是你读本书的原因。

我感觉不太好

你是否希望自己能一直快乐下去？我想我们都希望如此！事实上，我们不会永远都快乐。有时候我们感觉不太好。没有人喜欢消极情绪，但你知道接受和应对消极情绪比逃避或忽视它们要好得多吗？下面是几种常见的消极情绪，以及它们带给你的感受。你可能以前感受过，这完全不用担心。

悲伤： 当亲近的人或宠物去世时你会悲伤。悲伤时，你会感到很难过。你可能想大哭一场，还可能需要那些关心你的人拥抱你并亲切地安慰你。

内疚： 当你为做过或没做过的事情而难过时，你会感到内疚。比如，你闯祸了，却没有告诉父母真相，弟弟代替你受到了惩罚。当你感到内疚时，你的胃可能会不舒服，或者你会很反常。

失望： 当某些事情没有按你希望的方式发展时，你会感到失望。比如，你尽了最大努力，但仍然没有通过测试，你可能会感到失望；当你没有被选中或有人没有兑现诺言时，你可能也会感到失望。这种情绪让你感到悲伤和愤怒。

其实，消极情绪也有好的一方面！它们会让你注意到错误，以及需要改变或修正的事情。比方说，如果感到内疚，你可能需要承认你在某件事上犯了错误。

消极情绪还可以在危险的情况下保护你的安全。想象一下，你在自家后院看到一条蛇，你会感到恐惧。恐惧使你飞快地跑进屋里，然后关上房门。

最后，消极情绪会让你学会用不同的方式做事，帮助你学会应对下一次同样的事情。如果你这一次做的选择令父母不安，那么下一次你就可能会考虑得更仔细，然后做出更好的选择。

摆脱沮丧

你听过有人说自己很沮丧吗？一个人沮丧时，他会因为某些原因而感到不开心。有时候，你可能会感到愤怒、悲伤或失望。当你沮丧时，你可能会不停地思考什么事情让你有这种感受，或者你甚至不知道为什么会如此沮丧。不管怎样，你都可以做点儿什么让自己重新振作起来，这就是所谓的“电视疗法”。

每当你看电视时，你不喜欢正在播放的节目，会怎么做？你会换个频道，对不对？那么，为何不尝试换一个你心中的“频道”呢？关掉你脑海中让你感觉不爽的“频道”，再寻找新的“频道”。想一想能让你嘴角上扬的事情，然后专注于此。

这可能需要稍加练习，但你可以养成更换“频道”的习惯。一旦你能控制住那些不太好的情绪，你就能更好地摆脱沮丧！

爱自己

当你过得不太好的时候：

- 请记住，某一天过得不太好是很正常的，每个人都会这样。
- 允许自己感到悲伤、愤怒或恐惧。
- 想办法让自己感觉更好，比如在日记中写下你的感受，或者为别人做些好事。
- 你可以和宠物依偎在一起，或是为某个人制作一张特殊的卡片。也可以对未来抱有希望——明天会更好！

我能搞定

很多人不懂得如何处理自己的情绪和感受，甚至有一些大人也是如此。他们总是沉浸在消极情绪中，忘记了积极的情绪。你比他们幸运，因为你拥有这本书!

虽然只看了一章内容，但你已经掌握了关于情绪的很多问题。

- 我们都会产生各种积极和消极的情绪。
- 有六种主要的情绪。
- 情绪和心情是有区别的。
- 不同的积极的情绪有不同的含义。
- 不同的消极的情绪有不同的含义，但有一些有用的方法可以应对这些情绪。

虽然你的学习进展顺利，但还有很多事情要做! 在接下来的章节中，你会学到更多的知识来理解自己的情绪和感受，以及消除消极情绪的有效方法。你会更多地了解是什么使你成为你自己，以及当遇到困难时，你如何成为自己最好的朋友。你将学会如何发现让你心烦意乱的事情，这样你就可以试着远离它们，或者学习如何用新的、更好的方式处理它们。当你担忧或愤怒时，你将学会如何冷静下来。掌握这些知识有助于你控制自己的情绪。

拥有情绪和感受是再正常不过的事情了，但是有时你会觉得需要学习的知识太多了。每个人都有这样的感觉。一旦你开始运用学习的技能，不管遇到什么，你都可以说："我能搞定！"

第二章

我的情绪和我自己

在这一章中，要学会认识你自己！你在生活中所经历的一切创造了一个谜题，那就是你自己。你对自己了解得越多，就越能理解自己的情绪和感受。你会注意到那些让你害怕或愤怒的事情，你也会注意到那些让你快乐和兴奋的事情。我确定你的脑海中已经浮现了一些这样的事情。

有很多理由可以解释为什么一次经历会给你带来好或不好的情绪。有时，我们在经历后就立刻知道原因了。例如，如果你小时候和狗有过糟糕的相处经历，每当你再靠近狗的时候，你可能还是会感到害怕。当你和附近最温顺的狗一路之隔时，你还是不想靠近它。

还有的时候，我们不知道为什么会有这样的情绪。当你了解到使你产生强烈情绪的事情时，你就不会在这些事情发生时感到困惑。你甚至可以做一些事情来改变自己的情绪和反应。但这一切都要从了解自己开始。你准备好了吗？让我们来认识你自己吧！

认识自己：我可以做些什么

如果有人说“聊聊你自己”，你会怎么说？你可能会告诉他你最爱吃的食物、最热爱的运动或者最喜欢的节目。但是除了你最喜欢的事物，你还拥有很多爱好！认识自己也意味着关注自己的感受。当你了解自己时，你可以告诉别人是什么让你开心或愤怒。你还知道哪些事情你需要一点儿帮助，以及你擅长做哪些事情。

你还可以注意到你的行为如何影响别人。了解自己将有助于你在事情发生时以最好的方式做出反应，也有助于你在需要时为自己辩护。这里有几个将感受付诸行动的例子。

- 特雷知道自己擅长投篮。当他发现吉娅在努力练习投篮时，就主动提出要帮助她。
- 艾希莉在看电影的时候和朋友聊天，当她注意到其他观众转过身来看她时，她停止说话，以便他们能够安静地看电影。
- 里卡多在数学课上举手想回答问题，但老师没有叫他，他感到心烦意乱。在去吃午饭的路上，他告诉老师，希望能让他多回答问题。

当你真正了解自己时，你会感到更有掌控力，因为你在做自己！你会关注到自己的感受。你也会清楚地知道为什么会有这样的感受。所有这些都有利于你积极改变自己的行为。

我不是我的情绪

你有很多不同的情绪，这一事实意味着你的情绪与你是谁是分离的。起初，你可能很难意识到这一点，但改变你谈论自己情绪的方式会有所帮助。例如，如果有人惹你生气，与其说“我生气了”，不如说“我感到生气”。因为你不是一个生气的人——你只是当时感到生气。

请记住：情绪时来时去。情绪并不能决定你是谁，但你有能力掌控它们。你可以宣泄愤怒的情绪让自己平静下来，你也可以倾诉紧张的情绪让自己放轻松。

如果你不使用自己的能力，情绪就会控制你。那么会发生什么呢？好吧，如果你的情绪控制了你，你可能会说一些你希望你没说过的话，或者做一些你希望你没做过的事。你可能不会冒险尝试一些新东西，因为你担心自己做不到。

同样重要的是，要意识到并不总是每次只出现一种情绪。有时，你会同时经历多种不同的情绪，这也是很正常的。当你记住你不是自己的情绪时，无论遇到什么事情，你都可以控制自己的情绪。

发现自己的优点

发现自己的优点是很重要的。你可以思考一下你的性格特征，透过性格特征，大家可以判断你是什么样的人。以下是一些积极的性格特征，想一想每个特征意味着什么。哪些是描述你的？把描述你性格特征的词圈出来。

耐心	乐于助人	宽容
谦恭	诚实	可靠
负责	勇敢	有创造力
忠诚	礼貌	支持他人
慷慨	深情	快乐
体贴	关爱	友好

虽然情绪时来时去，但你选择的这些描述你积极情绪的性格特征却不会。这些性格特征会一直伴随你。当你感到沮丧时，回头看看你的性格特征清单，提醒自己是这些积极的因素塑造了你。

复杂的情绪

小时候，我和朋友都参加了我们学校啦啦队的选拔。新的啦啦队成立时，只有我入选了。我太兴奋了，我要成为啦啦队队员了。同时，我也很失落，因为我的朋友没有入选。就像当时的我一样，同时拥有积极和消极的情绪，这就是所谓的复杂情绪。这更加证明了你不是你的情绪。想象一下以下这些情况。

- 杰里米很开心自己能在学校的戏剧中担任主角。同时，因为在很多人面前表演，他感到很紧张。
- 蕾妮很高兴能学会骑自行车，但她在摔倒三次后感到愤怒和沮丧。
- 科尔比很开心他的朋友胡安能来参加他的生日派对，但他为胡安不能留下来过夜而感到难过。

同时感受到积极和消极的情绪是非常正常的。当这种情况发生在你身上时，请留意你所有的情绪。想一想你如何以正确的方式应对消极的情绪。即使消极的情绪可能确实困扰着你，也要尽力把注意力集中在积极的方面。

爱自己

有时我们会对发生的事感到难过。但即使在很难过的时候，你也可以通过以下建议找到积极的一面。

- 即使出了差错，也要相信自己。试着想一想哪些地方做得对，然后庆祝一下。
- 如果你心心念念的东西落空了，花点儿时间想想你还拥有什么，并心存感激。

是什么让我愤怒和悲伤

愤怒和悲伤来“敲门”时，我不想让它们进来！这两种情绪让人很不舒服。但事实是，尽管我们尽了最大努力，我们还是无法将它们“拒之门外”。就像我们拥有美好的时光一样，也会有不那么美好的时光。但你可以记住，这些情绪只是短暂“拜访”，它们不会永久停留。

导致悲伤的原因有很多。如果你蒙受了损失，经历了巨大的失望，或有人对你说了难听的话或做了卑鄙的事情，你可能会感到悲伤。感到悲伤时，你没准儿会哭泣。哭泣是再正常不过的事情了，有助于舒缓你痛苦的感受。一场酣畅淋漓的大哭，有时真的能让你感觉好受些！

愤怒是对许多不同情况的反应，是否会愤怒完全取决于个人。这就是为什么了解愤怒的导火索很重要。导火索是让你变愤怒的事情，使大家愤怒的导火索都不一样。也许你愤怒的导火索是和你一起玩游戏时耍赖的小伙伴，或是你没有得到你想要的，甚至饥饿也会让人愤怒。（你听说过“饿怒症”这个词吗？这是真的！）

随着你对自己的了解越来越多，你便可以开始了解你愤怒的导火索了。这非常有用。一旦你了解了这些导火索，你就能尽力避开它们，或者学会在它们出现时不冲动。这意味着什么呢？当你对愤怒做出冲动反应时，你会不假思索地行动，不考虑后果，或者没有想到可能会因为你的行为而发生的事情。朋友惹你生气时，你可能会大发雷霆，对他大吼大叫，甚至可能会说一些无心但伤人的话。通常情况下，冲动的行为会导致不好的结果。为了避免这种情况，你可以学习如何使用自制力，以不同的方式来应对愤怒。例如，如果你愤怒时首先想到的是大喊或尖叫，请试着用一个更健康的方式来表达自己。也许你可以练习一个动作或一句话，在你愤怒时使用。比如走开，或说："我想和你玩，但前提是你要公平。"自制力会帮助你保持外表平静，即使你内心并不平静。

表达自己

说到愤怒的导火索和冲动反应，请记得以下两点。

- 注意身体的反应。你的手握紧了吗？你的肩膀绷紧了吗？当你发现身体对导火索的反应时，你就会知道什么时候该控制你的行为了。
- 请记住：停下—呼吸—思考！在你说或做任何事情之前，花点儿时间想想你的反应。

了解自己

让我们进一步了解你是谁。回答下列问题并选择最能描述你自己的答案。

1.可以形容我的一个词是：

a.严肃

b.有条理

c.有创造力

d.坚定

2.我父母会说：

a.我像个小大人儿。

b.我太操心了。

c.我想象力很丰富。

d.我想赢。

3.我经常：

a.思考我对事情会有什么反应。

b.多花点儿时间做事情。

c.被要求在课堂上不要说话。

d.想成为团队的领导者。

4.到了休息时间，我通常会：

a.一个人做我想做的事情。

b.只是坐在那里看着其他人。

c.和最有意思的人一起玩。

d.成为最好的队长！

如果你选择的大多是a：你很专注！你喜欢自己解决问题。你会以某种方式喜欢某个事物，还会关心别人的感受。

如果你选择的大多是b：你很随和！你大部分时间都很平静，不喜欢有冲突，喜欢事情都处在刚刚好的时候。

如果你选择的大多是c：你很活泼，喜欢找乐子。你爱玩，也喜欢逗别人笑，并且喜欢与人相处。

如果你选择的大多是d：你很有冒险精神，并且有担当，也喜欢创造奇迹。

如果多选或全选：完全没有问题！许多人拥有不止一种性格类型的特质，这会让你与众不同。

优点和缺点都很好

你能说出三件你擅长的事情吗？对你来说很难的三件事又是什么呢？如果你现在想不出来，别担心！随着你对自己的了解越来越多，这些都是你将会学到的。

你做得好的事情被称为优点，你通常能够轻松地做这些事情。你可能擅长某个科目、交朋友、想出创造性的点子、从事体育运动、弹奏乐器、绘画或其他方面。当你擅长某件事时，你会很自信。

对你来说比较难做到的事情被称为缺点。你可能会发现，相比你最好的朋友，你的阅读能力更差，或者你很难与其他人分享你的想法和感受。我们都有缺点，这是正常的。但当事情对我们来说很难时，我们会感受到消极情绪。我们可能会变得担心、恐惧或愤怒。当这种情况发生时，只要提醒自己，有缺点再正常不过了；要想在某方面做得更好，你只需再努力一点儿就可以了！

无论优点还是缺点，是它们造就了现在的你。不要拿自己和别人作比较，专注于自己的优点，同时把缺点视为需要面对的挑战。不要回避困难的事情，你要明白只要花费更多的时间和精力，你就可以挑战困难！

我的优点和缺点

没有一个人是完美的，我们都有自己擅长的事情，也有做起来不容易的事情。下面是几个特质和技能，请你圈出你的优点并在缺点下面画线。

组织能力　　积极思考　　倾听他人

准时　　给人带来欢乐　　有责任心

自信　　喜欢交友　　有创造力

阅读　　数学　　写作

体育锻炼　　健康饮食　　公开演讲

耐心	懂技术	按时完成作业
领导才能	有自制力	音乐
永不放弃	修理东西	与人合作
保持专注	实话实说	工艺美术

你对自己的选择感到惊讶吗？我希望你了解有趣的自己。你真的是独一无二的！

自信测量仪

自信就是你对自己是谁、对自己能做什么感到满意。你可以在脑海中想象一个自信测量仪，这个测量仪可以测量在不同情况下你的自信程度。

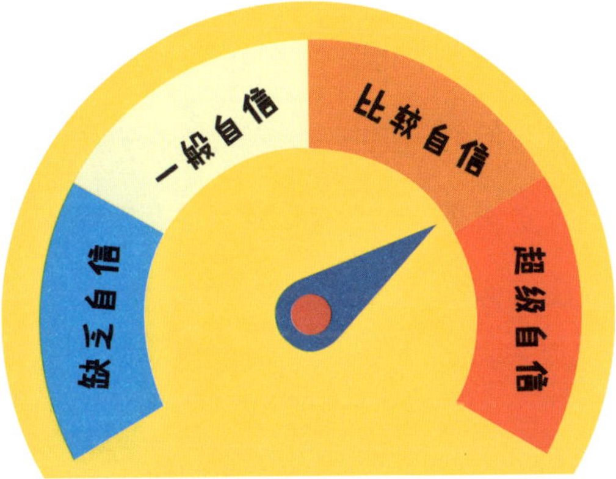

你的信心取决于面对的事情。打篮球时，你可能会超级自信；在学校参加考试时，你可能会缺乏自信。你可以改变这一点！信心不足时，试着把自己看作坚强、自信的人，想象自己是一个拯救世界的超级英雄，你甚至可以回想一下自己成功的时刻是什么样的。你可以用这些感觉来激励自己，并记住熟能生巧。坚持练习那些你想发展成优势的事情，这会让你更加自信！

独一无二的我

在本章中，你学到了以下知识。

- 有些感受很容易理解，有些则不然，我们可以同时感受到不止一种情绪。
- 我们的情绪与我们是谁是分开的，情绪总是在变化。
- 性格特征是我们的一部分，它们不会改变。
- 应对悲伤的方法有很多，哭泣可能会有所帮助。
- 有多种方法可以让你识别愤怒的导火索，并以更平静的方式做出反应。
- 你有很多优点和缺点，有很多方法可以建立自信。

既然你知道如何欣赏自己的独特之处，现在是时候谈谈你的情绪与思维是如何建立联系的。准备好了吗？

第三章

我的情绪和思维

你知道情绪会让你思考吗？当你有某种情绪时，你的大脑就会开始寻找出现这种情绪的原因。无论一天中的什么时候，你都在思考。你的想法可以帮助你悄悄地应对情绪。但是我们的想法并不总是对的。有时你可能会认为某件事是真的，但不知道它是否真的如此。例如，在学校时，你可能感到不快乐。你可能认为你的老师不喜欢你，或者你可能担心你在乎的人会生病。在这种情况下，你的想法很可能是不真实或不现实的。本章将帮助你学习如何理解你的想法，以便你能判断哪些是真的，哪些是假的，这有利于你控制消极情绪。让我们开始吧!

我的思维在作怪吗

以下是人们一直以来的一些常见想法，即使是成年人有时也会有这样的想法。请你勾选出你有过的想法。

- □ 没有人愿意和我做朋友。
- □ 没有人想听我说话。
- □ 大家都觉得我是哑巴。
- □ 我从来没有做对过任何事。
- □ 他们在议论我。
- □ 没有人愿意和我一起出去玩。
- □ 我还不够好。
- □ 我很丑。
- □ 会有不好的事情发生。

请你现在想想这些想法，然后确定它们是否真的正确。你的想法或想象力会不会告诉你这些事情？有可能是大脑正在接受你的消极情绪，并将它们转化为不真实的消极想法。

两个大脑：情绪大脑和理智大脑

两个大脑？！你可能在想："我真的没有两个大脑！"我来解释一下，说到你的情绪和感受，你的大脑有两种性格。这两种性格就像"住"在你脑袋里的两个室友。你情绪化的大脑——我们称之为情绪化的埃迪，他总是在寻找危险。当埃迪看到一个问题时，他立即想保护你，当爸爸说不要再吃饼干时，埃迪会让你尖叫："这不公平！"

不要误会我的意思，你真的需要埃迪。情绪化的埃迪会努力让你远离危险。他可能会提醒你，一辆汽车正在飞驰而过，所以你不能穿越马路。但是当你的同学苏珊在你前面插队时，他可能会告诉你把她推开，因为是你先来的。也许这不是最好的反应，对吗？

然后你就有了你的理智大脑。我们称她为理智的塞尔玛。塞尔玛会帮助你在行动前考虑各种情况。她提醒你运用自制力，并以最好的方式回应。当苏珊插队时，埃迪可能会让你大喊："嘿！是我先来的！"并怂恿你把苏珊推开。但理智的塞尔玛会跳出来提醒你，推搡苏珊会给你带来麻烦。塞尔玛还会提醒你，与其推搡苏珊，不如平静地要求她不要挡在你前面。

情绪化的埃迪和理智的塞尔玛作为一个团队一起工作时，

能给你最好的帮助，但是塞尔玛必须比埃迪更强大。当你感到尴尬、紧张或害怕时，埃迪真的会想要独自工作。请继续阅读，学习如何帮助塞尔玛控制埃迪。

感到尴尬

谁喜欢尴尬呢？我认识的人都不喜欢。尴尬会让你想逃跑和躲藏。有一次，我坐在教室后面的一张桌子上，不小心把它坐翻了。我摔得四脚朝天，桌子上的东西也都打翻了——太尴尬了！

有很多事情可能会让你感到尴尬。比如，你在学校的大厅里被绊倒了；把果汁洒在别人身上了；还有你可能失言叫老师为“妈妈”。相信我，每个人都有感到尴尬的时候，不仅仅是孩子们，成年人也会感到尴尬。

如果你因做错事而感到尴尬，你可能还会感到羞愧。当你感到尴尬时，你可能会心跳加速或开始出汗。这可要感谢情绪化的埃迪。但是，如果你听从理智的塞尔玛的话，你可以找到一种直面尴尬的方法，然后继续前进。如果你不把它当回事，你周围的人也会很快转移注意力。如果你觉得好笑，就一笑了之。如果你觉得尴尬，就说：“好吧，真是太尴尬了！”如果你做错了，请道歉并尽量不要再犯。你可以在尴尬时刻展示你的勇气和幽默感。

我的情绪是否支配我

让我们来看看是谁掌控着情绪——塞尔玛还是埃迪?

1.当我在学校度过艰难的一天时，我通常会：

a.拿别人出气。

b.给自己留点儿时间。

c.和别人聊聊。

2.当有人做了让我心烦意乱的事情时，我通常会：

a.什么都不说。

b.告诉别人我很烦躁。

c.告诉当事人他做了什么让我烦躁的事。

3.当我看到真正悲伤的事情时，我通常会：

a.忽略它，即使我不得不走开。

b.尽管我感受到了，也要忍住眼泪。

c.任凭眼泪流淌。

4.当我感到尴尬时，我通常会：

a.假装什么都没发生，但事后又会想好多天。

b.环顾四周，看看谁看到了发生的事情。

c.就刚刚发生的事情开个玩笑。

每个a选项为1分，每个b选项为2分，每个c选项为3分。

算一算你的分数是多少？ ____________________

如果你得了4～5分：你通常将自己的情绪藏在心里。用健康的方式表达自己会让你更快乐。重要的是把情绪释放出来，让别人知道你的感受。阅读这本书是第一步——你会成功的！

如果你得了6～10分：你正在努力控制自己的情绪。你知道在某些情况下该怎么做才能感觉更好。在其他情况下，你可能不太自信。只要继续努力，你会成功的！

如果你得了11～12分：好样的！你不受情绪支配，继续保持！

有时，我感到紧张

我喜欢唱歌，我曾一个人在数百人面前演唱过。尽管我已经唱了很多年，但每当我拿起话筒时，还是会感到紧张。我会心跳加快，有时手也会颤抖。

这些是在你紧张时会有的几种表现，和所有其他的情绪一样，紧张是再正常不过的了。每个人都会这样，并且感到紧张的原因也各不相同。你可能会因为一次大考或取得好成绩而感到紧张；开学第一天你可能会感到紧张；当你关心的人遇到困难时，你也可能感到紧张。当你感到紧张时，情绪化的埃迪可能会让你感到有压力甚至失控。他只是想保护你，只是有点儿过了。

如果你仔细聆听理智的塞尔玛的声音，你会更勇敢，更有掌控力。塞尔玛会告诉你没有危险，要放松，可以试着捏压力球或者诸如橡皮泥或魔方之类的解压玩具，别让双手闲着。如果你喘不过气来，想象一下塞尔玛在跟你说：“没关系，做几次深呼吸——用鼻子吸气，嘴呼气。你做得很好！”

我有多紧张

这些情况会让你紧张吗？给下面每种情况打分，1分表示最不紧张，5分表示最紧张，圈出最能代表你感受的数字。

1 2 3 4 5　在合唱表演中你必须表演一小段独唱。

1 2 3 4 5　你家搬家了，假期后你要去一所新学校。

1 2 3 4 5　在一次实地考察中，老师拿出一条蛇给班上同学们摸。

1 2 3 4 5　你就要乘坐一个上下颠倒的过山车了。

1 2 3 4 5　你被选中在学校大会上介绍市长。

1 2 3 4 5　一个记者想在下雪天采访你。

你了解自己了吗？让一个人紧张的事情可能根本不会困扰其他人。让你的朋友也给每个问题打分，并比较你们的答案。

表达自己

当紧张的情绪袭来时，试着做以下事情。

- 闭上眼睛，想象自己身处一个让你感到平静和放松的地方，比如水上公园的漂流河。
- 找点儿事情做，忘掉让你感到紧张的事情，比如读最喜欢的书或玩有趣的游戏。

面对恐惧和担忧：运用理智大脑

想想你害怕的事情，你心中有恐惧吗？想到它时，你身体感觉如何？比如，我最害怕的是老鼠，一想到老鼠，我就浑身起鸡皮疙瘩。如果我在房间看到一只老鼠，我可能会跳到椅子、桌子上。当这种情况发生时，就意味着情绪化的埃迪已经开始独自工作了！

害怕是很自然的反应。有人可能会说："我什么都不怕。"其实每个人都有害怕的东西。许多人害怕在家里或学校惹上麻烦，有些人怕黑，有些人害怕面对狂风暴雨和停电的夜晚。当你害怕时，情绪化的埃迪会让你心跳加速，甚至呼吸急促。

担忧有点儿像恐惧，它会在你的脑海中徘徊，让你想很多事情。你可能害怕去看牙医，也可能你本来并没有约会，但你会花时间担忧下周会临时出现约会。

好消息是，害怕或担忧不一定会一直持续。你可以用理智大脑专注于其他事情，把你的注意力从顾虑中移开。如果求助于理智的塞尔玛，你可以从考虑最坏的事情转变为考虑更有可能发生的事情，以及事情通常会如何发展。改变想法可以让你感到更平静。

5—4—3—2—1

请记住，理智的塞尔玛需要比情绪化的埃迪更强大。好好练习如何强化塞尔玛吧！默念5—4—3—2—1，将注意力集中在呼吸和判断上，把那些恐惧的想法转移到一边！

用鼻子吸气，数到3。

用嘴呼气，数到5。

想5件你能看到的事物。

想4种你能听到的声音。

想3件你能感觉到的事。

想2种你能闻到的味道。

想1种你能品尝到的东西。

最后，用鼻子吸气，数到3。用嘴呼气，数到5。

我相信这样做之后塞尔玛会感觉更强大，我希望你也能感觉更强大！这个简单的呼吸练习将注意力从紧张转移到放松上。这给了埃迪一个喘息的机会，也帮助塞尔玛变得更强大。

爱自己

你是否有消极的想法，而你内心深处知道这些想法不是真实的？善待自己，尝试做下面的事情。

- 做自己的朋友！想想如果你的朋友和你有同样的感受，你会如何开导他们，并以此来鼓励自己。
- 大声说出自己积极的一面——这会给你很大的鼓舞。每当需要的时候，就去看看你在上一章（第28页）列出的积极的性格特征！

我可以克服消极情绪

既然你了解了自己的想法和情绪是如何联系在一起的，那么你就在恢复掌控力的路上了。你已经学会了以下的知识。

- 感到紧张、尴尬和害怕是很自然的事情。

- 大家会因为不同的事情感到紧张、尴尬、担忧和害怕——每个人都有害怕的东西，即使他们自己不承认。
- 消极情绪会唤醒情绪化的埃迪。他会不惜一切代价保护你，有时他可能会鲁莽行事。
- 你可以求助理智的塞尔玛来平息事态。虽然你的想法很强大，但这些想法不应该控制你。
- 你可以对自己说积极的话，让自己更勇敢、更强大。
- 深呼吸可以让理智的塞尔玛变得更强大——而你也会更平静。

现在让我们来了解一下当你情绪高涨时，你的身体内部会发生什么变化。毕竟，你有比担心更令人兴奋的事情要做！

第四章

我的情绪
和身体感觉

请你猜猜看现在谁最开心？是情绪化的埃迪。因为本章都是关于他的描述——他是主角！你看，埃迪在你的身体中对事物的反应起着很大的作用。你的情绪告诉身体的其他部分该怎么做。

如你所知，埃迪总是对危险保持警惕。当他感觉到麻烦时，他会告诉你戴上拳击手套或穿上跑鞋。埃迪会告诉你的身体要么战斗，要么赶快离开，甚至可能会让你原地不动。当这些事情发生时，你的心脏可能跳得非常快，肌肉也可能变得紧绷。你甚至可能想要尿尿或大便！当埃迪向你体内的神经发出信号时，你就能感受到。这些反应都是完全自然的，所以让我们探讨一下情绪是如何影响身体的。

表达自己

你知道你的身体一直在向你传递信号吗？请你仔细想一想，当你感到饿了或渴了、热了或冷了，你的身体就会告诉你这些感觉。它还会告诉你，你的状态良好还是糟糕。注意这些信号，它们可能想告诉你一些事情，以便你能处理好身体的问题。

- 如果你平时胃口很好，但有段时间不太想吃东西，也许你需要和别人聊一聊。
- 如果你最近总是轻易掉眼泪或比平时爱哭，想想是因为什么事，有什么事情困扰着你。

坐立不安和心神不宁

有一次，当我要在几百人面前唱歌时，我非常紧张。情绪化的埃迪决定拯救我。我唱歌时，他向我的身体发出了信号。突然间，我觉得口干舌燥！他的信号阻止了我的口腔保持湿润。我敢肯定没有人能看出什么，但我可以感觉到我的上嘴唇粘在了

牙齿上！

口干只是你的身体对情绪做出的一种反应。我们来聊聊身体可能做出的其他反应。

坐立不安： 你就是坐不住了，你需要走动起来，因为你的神经超级活跃，你的身体迸发出了额外的能量。当你感到紧张或兴奋时，可能会发生这种情况。

心神不宁： 心神不宁是你感到紧张或兴奋时肚子里那种颤动的感觉。情绪大脑阻止你的胃正常工作，从而产生这种感觉。

羞红了脸： 当你感到尴尬时，就会发生这种情况。如果埃迪发出信号，你的脸会在一两分钟内变红或发烫。

大汗淋漓：埃迪的信号可能让你突然冒汗。当你感到害怕、紧张、担忧，甚至厌恶时，你可能开始出汗。出汗是身体降温的方式。

胆战心惊：当你感到害怕、紧张或兴奋时，你的手或身体可能会颤抖。埃迪的信号会向身体的某些部位发送额外的能量，从而导致你颤抖。

号啕大哭：当你感到愤怒、害怕、尴尬，甚至异常高兴时，你可能会哭。当你不能把情绪憋在心里的时候，就会有这种反应。

情绪化的埃迪是大脑中相当繁忙的一分子。你对自己的情绪有过这些反应吗？你还记得发生在什么时候吗？

我的身体发生了什么

阅读下面的反应清单，你的身体之前出现过其中一些反应。你是否能将左边的情形与右边的反应相匹配。

情形	可能会有的反应
你的铅笔掉在了地板上。当你伸手去捡时，看到铅笔滚到了一只大蜘蛛旁边。	坐立不安
在学校演出时，你忘记台词了。	羞红了脸
你在学校闯祸了，妈妈说下周不许你看电视。	心神不宁
今天给妹妹准备了惊喜派对，你在等她来。	胆战心惊
校长让你去他的办公室，但是你不知道为什么。你马上就要进去了……	号啕大哭
老师叫你不要说话，你的同学们都在看着你。	大汗淋漓

当你感到……时该怎么办

当你的身体对情绪和感受有反应时，你可以做一些事情。在谈论这些事情之前，让我们先看看你的自然反应是什么。

假设你处于下面的情况，你会有什么反应？

老师要求你和一名新来的同学做朋友。你需要告诉他教室里的日常生活，还需要给他介绍三位新朋友。被老师选中，你很兴奋；但是一见到新同学，你就开始紧张。当你和他说话时，你发现自己的手开始颤抖。你该怎么办？

在下面4个选项中，选择最能描述你如何反应的答案。

a.试着让这种紧张的感觉消失。集中注意力，直到你的手停止颤抖。

b.调整呼吸。在你说每句话的间隙，慢慢地深呼吸。

c.想想如果你没有按照老师的要求做会发生什么。

d.试着像你的同学上次带新同学参观时那样做每件事。

最佳答案是b。现在让我们来看看到底该怎么做。

最好的第一步便是调整呼吸。当你的手在颤抖或觉得心神不宁时，深呼吸会帮助你平静下来。用鼻子吸气总是最好的，然后用嘴呼气，让呼吸再长一点儿。当你这样做时，你的身体会告诉埃迪，危险不会伤害你。同时，提醒自己现在的这种感觉只是暂时的。现在我们来讨论一下为什么测试中的其他选项不是最佳选择。

选项a： 试着让这种紧张的感觉消失。集中注意力，直到你的手停止颤抖。

不要尝试这样做，因为一想到你的手在颤抖，问题会变得更糟。相反，你应该专注于你需要完成的事情。

选项c： 想想如果你没有按照老师的要求做会发生什么。

不要想搞砸了会怎么样，这会让你更加紧张，你甚至可能忘记你需要说什么或做什么。专注于你正在做的事情。

选项d： 试着像你的同学上次带新同学参观时那样做每件事。

不要去想别人做了什么。你做得最好，不要拿自己和别人比较。当你完成了这次任务，你可能会决定下一次做一些不同的事情，那也没关系。但你也可能不会这样做。你可能会认为你做的比之前的那个人更好。

爱自己

当你的身体对情绪做出反应时，你应该做以下事情。

- 提醒自己很勇敢，有能力做那件让自己如此紧张的事情。
- 告诉自己已经尽力了，每个人都有对自己情绪做出反应的时候。

当你的神经失控时，并不意味着你有什么问题。请你继续练习！

找寻勇敢的自我

我们真的经历了很多事情，不是吗？我们每一天都经历着这么多不同的情绪和反应。但是即使心神不宁、双手颤抖，你也有勇敢的地方！你总是在做一些让你走出舒适区的事情。想想看，每次你去操场参加活动，或者加入新的俱乐部，或者结识新朋友，都是在做令人兴奋的新鲜事。

在本章中，你已经了解到以下知识。

- 情绪化的埃迪在需要保护你的时候会让你的身体做出反应。
- 在不同的情况下，你的身体会有不同的反应。
- 你可以采取一些措施来控制自己的反应。
- 我们有时会反应过激，这没什么！

从现在开始，当你有不同的情绪时，聪明、勇敢的你会比以前更了解自己，你知道该怎么做。只要不断学习和成长，你很快就能控制住埃迪。你所能做的就是尽力而为。

那么，所有这些情绪和感受是如何与你的生活联系在一起的呢？让我们来了解一下！

第五章

我的情绪和生活

把你的生活想象成一幅拼图。拼图有很多块，对吧？你的拼图中有一块是对你很重要的人，比如你的家人和朋友；另一块是每天发生在学校里的一切；还有，别忘了你的爱好和兴趣活动——你在空闲时间喜欢做的所有事情。

在本章中，我们将讨论你的情绪，以及它们如何影响你的人际关系、你在学校的生活，以及你每天喜欢做的事情。我们还将讨论为什么理解他人也很重要。你准备好了吗？我们把拼图拼凑起来吧！

我的人际关系技巧

让我们来测试一下你的人际关系技巧吧！在下面的情况中，你会怎么做？

1.你的朋友今天话不多，你不确定哪里出了问题。你会：

a.什么都不说，他有时会这样。

b.等着看他是否说些什么，这样你就知道谈论这件事是否会让他不开心。

c.问问他是否有烦心事，看他是否愿意聊一聊。

2.妈妈让你打扫房间，但你没有。她站在门口看着你，脸上没有笑容。你会：

a.大喊“哥哥的房间也不干净，这不公平”。

b.给出没有完成的理由，并承诺尽快开始打扫。

c.跳起来跟妈妈道歉，然后开始打扫房间。

3.一个同学在学校惹你生气，老师注意到了，让你去找他谈谈。你会：

a.告诉老师不想和任何人说话。

b.告诉老师现在不行，也许改天可以。

c.接受老师的提议，私下交谈。

4.篮球教练说：“你必须集中精力，不要在训练时开玩笑，这样才能留在球队里。”你会：

a.认为他说的不对，继续做你一直在做的事情。

b.努力集中注意力，但还是会有机会讲一两个笑话。

c.告诉教练你很抱歉，并专注于做一个好队友和好球员。

每个a选项为1分，每个b选项为2分，每个c选项为3分。

算一算你的分数是多少？ ________________

如果你得4～5分：你将从本章中学到有用的人际关系技巧。请记住，你不是唯一经历这些的人，其他人也是如此。

如果你得6～10分：你会使用一些人际关系技巧，但还有发展空间。继续努力吧！

如果你得11～12分：你的人际交往能力很强，干得好！

我的情绪和友谊

好朋友是你关心和关心你的人。当谈到你的情绪时，拥有好朋友会对你很有帮助。当好事降临时，好朋友会和你一起庆祝。当遇到问题时，好朋友会提供帮助。你可以和值得信赖的好朋友谈谈你的情绪，他们会帮你渡过难关，同样希望你也能帮助他们！

作为学校辅导员，我经常和孩子们谈论友谊。友谊问题如此普遍，你在生活中遇到的每个人都曾在某个时候与朋友发生过矛盾，包括父母、老师，甚至是校长。看看下面关于友谊的问题，是不是很熟悉？

西德妮和艾弗里是好朋友。今年，海登来到了她们班上。艾弗里和海登也成了朋友。但当艾弗里和海登一起玩时，西德妮很嫉妒，她觉得自己被冷落了。艾弗里并没有想冷落西德妮，她只是在和另一个朋友玩。但西德妮不跟她们一起玩，因为她只想和艾弗里一起玩。

你遇到过这种情况吗？有时你可能会因为友谊中发生的事情而感到愤怒、嫉妒或悲伤。向朋友坦诚地说出你的感受很重要，这样你才能解决问题。尝试理解朋友的感受也很重要，真正的朋友会让事情变得更好，好朋友要试着互相妥协。西德妮可以试着接受并理解艾弗里还有另外一个朋友，艾弗里可以在放学后邀请西德妮来家里，这样她们就可以一起玩了。这样大家都很开心。

表达自己

当你需要与朋友诉说困难时，应该做以下事情。

- 说得具体点儿。告诉朋友是什么在困扰着你以及你的情绪。如果你不说，你的朋友可能读不懂你的心思。
- 考虑如何解决问题并与朋友分享你的想法。
- 试着听听朋友的故事，然后问问自己：“我学到了什么？我能做点儿什么让这一切变得更好？”

我的情绪和家人

家人是你最亲近的人。即便如此，有时你还是会对他们有消极情绪。如果你有兄弟姐妹，你可能明白我的意思。也许你的某个兄弟姐妹曾经吃了你留着以后吃的东西，你觉得受到了不公平的对待。你可能会有一个受到特别关注的小弟弟或小妹妹，这让你感到嫉妒或觉得自己被家人遗忘了。也可能你有和父母意见不一样的时候。

以上情景对你来说可能真的很难，因为你的父母说了算，你可能觉得对此无能为力。但对自己的情绪做点儿什么还是很重要的。不管问题是什么，你都应该表达自己的情绪。谈论自己的情绪会让你感觉更好，希望这可以使你开始解决问题。

我和很多孩子聊过，他们从来没有想过要向父母表达自己的情绪。作为一个家长，请相信我：父母关心你的情绪和感受。他们想给你最好的，所以不要害怕说出来，冷静地问父母你是否可以和他们谈谈，然后让他们知道你内心的想法。你可能会对他们的反应感到非常惊讶。

七步平静法

当你和家人都非常激动的时候，你可以做些什么？如果你想静下心来寻求平静，可以尝试以下方法。

1.找个地方坐下。闭上眼睛，调整呼吸。

2.用鼻子吸气，数到3。

3.用嘴呼气，数到5。

4.把你强烈的情绪假装紧紧地攥在手里，双手尽可能握紧持续5～7秒。然后张开双手，把情绪放走。注意你的手松开时有多放松。

5.重复一次，但这次要加上脚趾。紧绷脚趾5～7秒，然后松开。

6.再重复一次，但这次要全身紧绷，持续5～7秒，然后放松。

7.放松的同时，继续调整呼吸。准备好后睁开眼睛。

现在感觉怎么样？希望你会更加放松，并准备好和家人聊聊你的感受或继续你的一天。

我的情绪和学校

你知道你每周会在学校度过大约35小时吗？这是非常长的时间，你每天可能会有很多不同的情绪，这一点儿都不奇怪。

作为一名在学校工作的人员，我知道在学校里除了学习之外，还有很多事情要做。你也在努力交朋友，弄清楚自己与谁合得来。这并不容易，你可能感到孤独或悲伤。如果有不太友好的同学，你可能还会感到害怕或愤怒。如果功课太难，你可能会感到担心；如果太容易，你会感到无聊。最重要的是，你还得好好学习，好好上课。你每天的情绪会影响你学习的能力。

重要的是你在学校里要保持冷静，控制好埃迪。请记住你在这本书中练习到的技巧，当埃迪蠢蠢欲动时，你可以尝试用其中一些技巧，比如“5—4—3—2—1”（第53页）和“七步平静法”（第75页）。

如果你出于某种原因对学校感觉不太好，和老师谈谈发生了什么事，他们能帮你想办法解决问题。此外，学校辅导员随时在你身边，准备与你讨论你的情绪。你也可以想一些你能做的事情，让自己感觉更好，让你在学校更轻松。这样你的大脑会为学习重要知识做好准备。

爱自己

如果你在学校遇到挑战，试着做以下事情。

- 向学校里的老师或同学求助，他们会帮助你。记住，你不是一个人在战斗。
- 照顾好自己的情绪有助于你在学校做到最好。学习很重要，但你自己也很重要！
- 把发生的事情告诉家里值得信赖的大人，这样他们也能帮助你。

我的情绪和爱好

在这本书的前几章中，我告诉过你，我是学校的啦啦队队员，这只是我小时候喜欢做的事情之一。你也可以当啦啦队队员，或从事一项运动。你可能会喜欢做手工、跳舞或演奏乐器，这些都是很棒的爱好。拥有爱好是一件很酷的事情，因为你可以和其他喜欢同样事情的人在一起。这意味着你可以遇到更多和你

有共同爱好的朋友。

这些课外活动是为了让你感到快乐，但有时也会让你产生消极情绪。你可能会担心自己进不了球队，或者不能打自己想打的位置。你可能会拿自己与他人比较，觉得自己不尽如人意。

我小时候很擅长吹单簧管，经常在家里练习。我是校交响乐团中的单簧管首席（这是一种荣誉），我想留在那个位置上。哦，我的压力太大了！当你擅长某件事，并且你的才能得到认可，那是一种很棒的感觉。但一种不太好的感觉也会伴随而来：保持领先的压力。

提醒自己，无论你最终处于什么位置，喜欢自己正在做的事情才是最重要的。花时间在爱好上可以让你的生活更愉快，也可以让你忘记生活中其他方面带来的消极情绪。接着往下看另一种策略！

理解他人

我想告诉你一个重要的词就是“同理心”。同理心是指想象自己处在另一个人的位置上会有什么感受。你听说过“设身处地为他人着想”吗？这并不容易，但学习如何做到这一点将帮助你更好地理解他人。请记住，别人也和你一样，希望自己的感受被别人理解。毕竟，如果有人不尊重你的感受，你会作何感想？

你可以这样想一想，如果你和一个朋友遇到了一些让你很沮丧的事情，怎么办？而当你告诉朋友你很难过时，他只是对你说：“忘掉它吧！”这感觉并不好，对吗？

如果你的朋友说“我能理解为什么这会让你感到沮丧”，而不是告诉你“忘掉它”，那感觉会好很多。如果他们这样说，你就会知道你的朋友真的理解并尊重你的感受。这并不意味着他们完全同意你的观点，这只是说明他们试图从你的角度看问题。

所以，如果你和一个朋友互相生对方的气了，不要只考虑自己的感受；也要想想你朋友的感受，试着理解他们的观点。这样能让你成为他人更好的朋友和更好的人。事实上，这是一项可以帮助你终生与他人友好相处的技能。

我说了算

在这一章中，我们探讨了各种可以利用我们的情绪和感受来使我们的生活变得更好的方式。无论是在我们与家人和朋友的关系中，还是在我们的学校生活中，或是在我们喜欢的活动中，都可以应用它。你已经学会了以下这些事情。

- 在人际关系中有更好的沟通方式。

- 懂得让步，学会共情，你会和家人成为更好的朋友。
- 与家人和朋友分享你的感受很重要。
- 无论在学校还是家里，都有人可以帮你排解消极情绪。
- 爱好能让你交到更多的朋友，同时让自己感觉良好。

现在可以翻到第六章，来学习一些处理不同情绪的简单技巧。

第六章

当……时该怎么做

处理棘手的情绪和感受很难，有时候你可能不知道该做什么，让我来告诉你。最后一章提供了很多建议，你可以在需要时随时查阅。

本章介绍了三种主要的消极情绪：悲伤、愤怒和焦虑。虽然这些建议是按悲伤、愤怒和焦虑分组的，但其中许多建议都可以用于这三种情绪。当你有其他情绪时，如嫉妒或恐惧，你也可以使用其中的建议。我希望这些建议在各种情况下都能派上用场。

悲伤时的建议

1.与你信任的人交谈。把事情说清楚能让你感觉好很多，你也可能会因此得到真正对你有帮助的建议。

2.积极锻炼。锻炼对我们的情绪和身体都有好处。你可能喜欢跳绳或骑自行车，不管你最喜欢的运动是什么，走出家门去运动吧！

3.与宠物玩耍或拥抱。宠物能让你感到平静，因为它见到你时总是很高兴。我每次和我的狗好好拥抱一下总是让我感觉很好。

4.持乐观态度。如果你和好朋友没有被分在同一个班级，试着把它当作你们双方结交新朋友的机会。

5.记录你的情绪。记录你的情绪及其原因会缓解悲伤。你可以与信任的人分享，也可以深藏心底。

6.和好朋友一起玩。这会帮助你从悲伤的情绪中解脱出来，如果不能聚在一起，试着给他们打电话或发短信。

7.保持日常生活。日常生活让人感到平静和舒适。在悲伤的日子里，像往常一样生活，仿佛没什么不同。

8.做一些让你开心的事情。如果涂色让你开心，那就涂色吧！如果玩电子游戏让你开心，那就玩吧！不管做什么，都是为了自己开心。

9.为别人做些好事。让另一个人（甚至是宠物）开心也会让你感觉很好!

10.允许自己悲伤。让自己释放悲伤情绪。尽情哭吧，把一切都发泄出来。请记住，哭泣可以让你感觉好一点儿。我们都需要时不时痛痛快快地哭一场!

愤怒时的建议

1.了解你愤怒的导火索！ 你不能控制所有让你愤怒的事情，但有些事情你可以。当你了解让你生气的事情时，如果它们发生，你将做好准备并能以最佳方式应对。

2.感到愤怒时注意自己身体的反应。 情绪化的埃迪可能会导致你的心跳加速或拳头收紧。如果你注意到身体里有愤怒的情绪，试着远离它，这样事情就不会变得更糟。

3.从任意数字开始倒数。 随便挑一个数字开始倒数：49……10……8……7……倒数时，你的大脑会专注于数字而不是让你感到愤怒的事情。

4.在1～10的范围内衡量你愤怒的程度。 10代表非常生气，1则是几乎不生气。如果你的愤怒等级是8、9或10，计划一下你将要怎么做。当你在做这件事时，为何不为所有的数字制订一个计划？

5.将愤怒的力量转化为做积极的事情。 把你的精力放在打扫房间、跑步或玩游戏等方面。

6.分享你的感受。 如果别人让你愤怒，要让他们知道。你可以说：“我感到愤怒是因为……”

7.三思而后行。使用“如果……那么……”的句式。例如，可以说：“如果我这样做，那么就会发生这种情况。”如果你的“那么”会伤害别人或让自己陷入困境，那就做出其他的选择吧！

8.找一个放松的地方。找一个可以放松的地方会让你把烦恼抛诸脑后，你甚至可以请老师帮忙在教室里创建一个。

9.从大人或朋友那里获得帮助。关心你的人会帮助你解决问题。你可以试试！

10.做深呼吸。记住用鼻子吸气，然后用嘴慢慢呼气，多吸几秒钟，这会让你的身体平静下来（见第75页）。

焦虑时的建议

1.时常核实你的想法。你的想法是真实的吗？请记住，你的想法有时会告诉你一些不真实的事情，用你的理智大脑来判断什么是真的。

2.找点儿事做。减压玩具很不错，你可以把泳池中用的泡沫塑料条切成小块，它们足够结实，可以挤压，也能让你的手忙碌起来。你也可以把珠子别在安全别针上。还有不要忘了“忠实”的压力球或指尖陀螺。

3.做些放松的事情。如果你感到焦虑，请找到放松身心的方法，比如可以在游泳池中漂浮、画画、阅读或者只是躺在草地上仰望白云朵朵。

4.活在当下。不要进行“时间旅行”！当你对即将发生的事情感到紧张或焦虑时，试着停在当下。想着将来发生的事情可能会让你身体的反应变得更糟。尽量不要在脑海中留下最糟糕的画面。相反，你应该想象最好的结果。

5.切忌逃避！焦虑通常发生在你对某事感到紧张的时候。当你紧张时，你可能会回避那些让你担心的事情，但这可能会使事情变得更糟，让你不太自信。与其回避这些事情，不如采取一种“我能行”的态度，迎难而上。

6.调整呼吸。吹泡泡可以缓解焦虑，因为它可以帮助你吸气，然后再慢慢呼气。你可以想象风车的末端有一朵花，闻闻花香，然后吹吹风车。

7.找点儿事情分散注意力。当我唱歌感到紧张时，我会把注意力集中在房间后面的某个东西或一张笑脸上。这真的很有帮助!

8.让大脑进行一次寻宝之旅！比如，找出房间里所有绿色的东西；或者当你沿着走廊行走时，找出所有蓝色的东西。

9.让爱你的人来拥抱你。或者你给自己一个拥抱！

10.摆一个有力的姿势！看着镜中的自己，像超级英雄或勇敢的战士一样站立，双肩后仰，双手叉腰，挺直腰杆。你已经获得力量了！

永远记住，你所有的情绪都再正常不过了。学会如何控制自己的情绪可能需要一段时间，世界上还有很多成年人仍在为此努力。因此，如果不能快速控制情绪，请不要放弃。只要继续阅读这本书并进行对你有帮助的练习。你有能力处理你所遇到的事情，你知道该怎么做。我只是希望我能看到你控制好自己情绪时的表情——你会感觉很棒!